U0301539

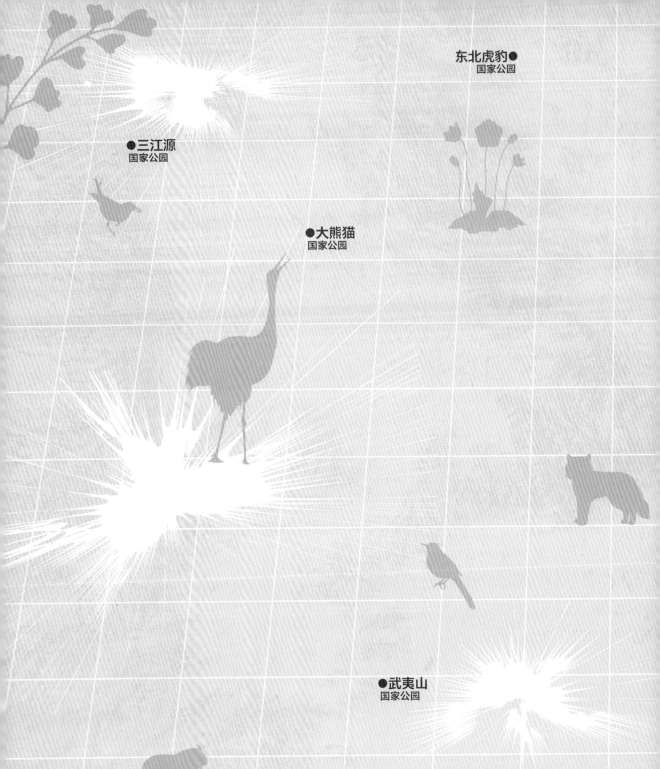

东北虎豹●
国家公园

●三江源
国家公园

●大熊猫
国家公园

●武夷山
国家公园

海南热带雨林●
国家公园

China

中国国家公园

《图说天下》编委会◎编著

甘肃少年儿童出版社

目录

(CONTENTS)

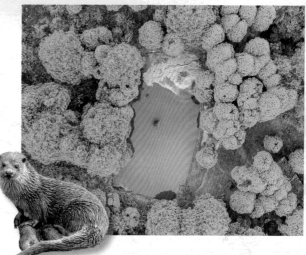

我们共同的家园——国家公园

在地球这颗蓝色星球上，国家公园是珍贵的自然宝库，更是人类与自然和谐共存的象征。国家公园见证了人类文明的成长，反映了人类对地球家园的责任和承诺。借由国家公园，我们不断向自然学习，向地球致敬。

? 五问

1 如何区分国家公园、自然保护区与自然公园?

按生态价值和保护强度我国的自然保护地体系分为国家公园、自然保护区和自然公园三大类型。

国家公园是由国家批准设立并主导管理，边界清晰，以保护具有国家代表性的大面积自然生态系统为主要目的，实现自然资源科学保护和合理利用的特定陆地或海洋区域。**自然保护区**依法保护有代表性的自然生态系统、珍稀濒危野生动植物物种的天然集中分布区、有特殊意义的自然遗迹等，其成立最早，数量最多。**自然公园**则包括风景名胜区、森林公园、湿地公园、海洋公园、地质公园等。

我国的自然保护地体系

- 国家公园（主体）
- 自然保护地
- 自然保护区（基础）
- 自然公园（补充）

国家公园管控区分为核心保护区和一般控制区。

<u>核心保护区</u>囊括自然生态系统保存最完整、核心资源集中分布或者生态脆弱需要休养生息的地域，原则上禁止人为活动。

<u>一般控制区</u>禁止开发性、生产性建设活动，允许进行有限的人为活动。

2 为什么要设立国家公园?

1956年，我国首个自然保护区广东鼎湖山自然保护区建立。如今，我国已经有自然保护地1万多处，覆盖了18%左右的国土陆域面积、4%左右的领海面积。然而，不同类型的保护地彼此重叠交叉，由不同的部门管理，使得保护成效并不显著。建立国家公园则可以将这些零散的保护地整合成更为完整的区域，不但显著地保护了栖息地物种，而且极大地提高了整个生态系统的功能。

我国国家公园经历了怎样的发展历程？

2013 年
党的十八届三中全会提出建立国家公园体制，是"国家公园"这一概念在我国的萌芽。

2016 年
三江源国家公园成为我国首个国家公园试点。

2017 年
党的十九大报告提出建立以国家公园为主体的自然保护地体系。

2021 年
我国正式设立三江源、大熊猫、东北虎豹、海南热带雨林、武夷山等第一批国家公园。

2022 年
《国家公园空间布局方案》出台，方案确定在全国遴选出 49 个国家公园候选区。

国家公园

我国未来的国家公园是什么样？

根据《国家公园空间布局方案》，我国到 2035 年将会基本建成全世界最大的国家公园体系，届时国家公园总面积约 110 万平方千米，其中陆域面积约占陆域国土面积的 10.3%。

涉及 **700** 多个现有自然保护地

2 项世界文化和自然双遗产

10 项世界自然遗产

19 处世界人与生物圈保护区

49 个国家公园候选区分布
（含正式设立的 5 个国家公园）

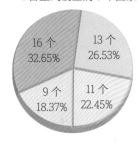

- 16 个 32.65%
- 13 个 26.53%
- 9 个 18.37%
- 11 个 22.45%

● 青藏高原
◇ 长江流域
◇ 黄河流域
● 其他

世界其他国家也有国家公园吗？

如今，世界上已经有 200 多个国家和地区建立了近万个国家公园。

黄石国家公园 美国

塞伦盖蒂国家公园 坦桑尼亚

东北格陵兰国家公园 丹麦

科莫多国家公园 印度尼西亚

大熊猫国家公园

大熊猫国家公园地跨四川、陕西和甘肃三个省份，这里气候湿润，青山环抱，竹林婆娑，溪水潺潺。不仅保护了全国 70% 以上的野生大熊猫，还是羚牛、川金丝猴、珙桐等珍稀动植物栖息的地方，是世界上十分珍贵的野生动植物群落。

总面积
2.20万
平方千米

甘肃
2553
平方千米

四川
1.93万
平方千米

陕西
98
平方千米

甘肃
陕西
四川

各区域面积占比

当季风拂过高山流水

大熊猫国家公园位于我国西部，拥有纵贯六个纬距的巨大南北跨度，涵盖四川卧龙、陕西青木川、甘肃白水江等多个国家级自然保护区。独特的自然环境孕育了园区内丰富多样的动植物，为它们繁衍生息提供了理想的家园。

卧龙巴朗山

王朗片区

秦岭秋色

地形：地处岷山、邛崃山和大小相岭等高山峡谷地带，整体地势为西北高东南低，海拔落差大。

气候：属大陆性北亚热带向暖温带过渡的季风气候区，四季分明，湿润多雨。由于地势复杂，形成了多种气候。

水文：属嘉陵江、岷江和沱江三大水系。因地势陡峭，流水形成了瀑布和急流。

植被：随着海拔升高，这里依次形成了山地常绿和落叶阔叶混交林、亚高山针叶林、高山草甸等多种植被类型，垂直分布特征明显。

数据会说话

动物资源

184种
哺乳类

527种
鸟类

65种
两栖类

58种
爬行类

35种
鱼类

国家重点保护野生动物 166 种，国家一级重点保护野生动物 34 种，国家二级重点保护野生动物 132 种。

植物资源

6091种

种子植物

国家重点保护野生植物 150 种，国家一级重点保护野生植物 9 种，国家二级重点保护野生植物 141 种。

串联起 **73** 个自然保护地

保存了大熊猫栖息地
1.50 万平方千米

占全国大熊猫栖息地面积的
58.5%

现有野生大熊猫约
1340 只

占全国野生大熊猫
总数的 **72%**

物种大比拼

大熊猫 **VS** 小熊猫

大熊猫科的 单属单种	科属	小熊猫科小熊猫属 的唯一种
体形大	体形	体形小
1.2～1.5 米	体长	40～60 厘米
50～80 千克	体重	约 6 千克
尾巴很短	尾巴	尾巴长且粗
黑白相间	毛色	身披红褐色的 "毛外套"

大熊猫本身缺乏消化纤维素的基本能力，只能通过肠道微生物群的演化，实现对竹子纤维素的轻微消化，所以它们需要大量摄食竹子以保持自身能量供应。

保护生物，人类在行动

大熊猫也能"串门"

随着大熊猫国家公园的建立，大熊猫的栖息地被打通，这为不同种群大熊猫的基因交流创造了有利条件。为了能够更好地帮助大熊猫"串门"，人们关停了与大熊猫栖息地高度重合的交通路段，将必要的路段改造为地下通道，这样人类的车流便不会打扰大熊猫的迁徙。人们还在一些道路的两旁补种竹苗，引导大熊猫通行。

名副其实的"吃货"

大熊猫是典型的<u>伞护种</u>，是中国独有的野生动物，素有"国宝"与动物界的"活化石"之称，是全球野生动物保护的明星，也是我国与世界各国交流的"和平使者"。它们身体肥圆，走起路来慢吞吞的，憨态可掬，深受人们喜爱。

野生大熊猫穿梭在茂密的竹林里，对竹子的喜爱几乎到了痴迷的程度。它们每天用于摄食的时间长达十多个小时，食量不容小觑。

伞护种

指人类在进行动植物保护工作时选择的一个生境需求可以涵盖其他物种生境需求的物种，这样在保护该物种的同时也保护了其他物种。所以大熊猫国家公园不仅会保护大熊猫，也会保护栖息地内的其他物种。

大熊猫一天的作息时间

21:00-2:00
休息

2:00-7:00
摄食

7:00-10:30
休息

10:30-11:00
玩耍

11:00-12:00
摄食

12:00-14:30
休息

14:30-21:00
摄食

大熊猫

川金丝猴

我听说了一件八卦，你有兴趣听吗？

什么八卦，我想听！

八卦
英国人类学家罗宾·邓巴认为，人们八卦的起源可以追溯到猿猴互相为对方梳毛的行为。

梳毛居然是社交活动

在大熊猫国家公园里，有一群在树丛间腾空飞跃的精灵，它们就是国家一级保护野生动物川金丝猴。分布在我国四川、陕西、甘肃和湖北四省境内的川金丝猴有着金黄色的毛发，是金丝猴中分布最广、数量最多的物种。

在白天，川金丝猴常常聚在一起互相整理毛发。这不仅可以清理掉身上的小盐粒和皮屑，还是一种重要的社交活动——通过肢体接触来增进彼此的感情，维持家庭成员间的和谐关系。而到了夜晚，川金丝猴会把幼猴围在猴群中，"抱团"睡觉。这样既可以避免幼猴被天敌捕杀，也能互相取暖。

秦岭羚牛

一年四季都在搬家

羚牛因体形似牛而得名，又因角扭曲而被称为"扭角羚"，常常出没在山地森林中。生活在大熊猫国家公园里的羚牛包括四川羚牛和秦岭羚牛两个亚种。为了获取食物和繁衍，羚牛每年都会进行长途跋涉，进行生物学上所称的"垂直迁徙"。

羚牛的迁徙过程

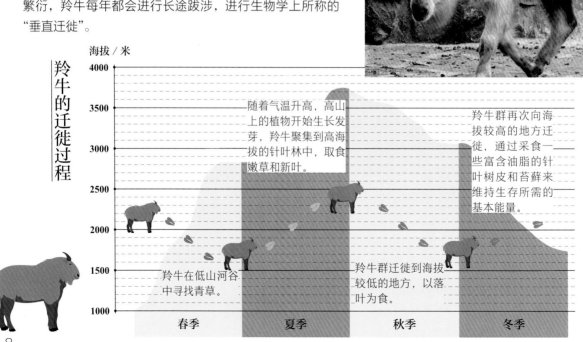

海拔／米

随着气温升高，高山上的植物开始生长发芽，羚牛聚集到高海拔的针叶林中，取食嫩草和新叶。

羚牛群再次向海拔较高的地方迁徙，通过采食一些富含油脂的针叶树皮和苔藓来维持生存所需的基本能量。

羚牛在低山河谷中寻找青草。

羚牛群迁徙到海拔较低的地方，以落叶为食。

春季　　夏季　　秋季　　冬季

羚牛

这片水田被"承包"了

秦岭，一座横贯中国中部的东西走向山脉，是地理意义上划分中国南方和北方的分界线。在秦岭之南，最耀眼的明星无疑是定居此处的朱鹮。

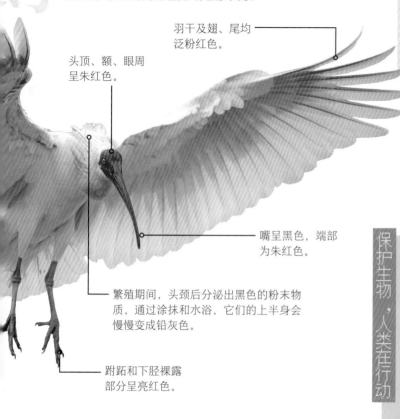

羽干及翅、尾均泛粉红色。

头顶、额、眼周呈朱红色。

嘴呈黑色，端部为朱红色。

繁殖期间，头颈后分泌出黑色的粉末物质，通过涂抹和水浴，它们的上半身会慢慢变成铅灰色。

跗跖和下胫裸露部分呈亮红色。

朱鹮虽然腿并不是很长，去不了深水区，却可以在浅水塘和湿地里觅食。它身长仅 70 至 80 厘米，却拥有长达 15 到 18 厘米的喙，几乎是其身体长度的四分之一。喙内藏有敏感的感受神经，使其能够在淤泥和石缝中敏锐地捕捉到隐蔽的水生动物。

作为一种对生境极为挑剔的动物，朱鹮需要大树来栖息筑巢，同时也依赖湿地来觅食。然而，这样的自然环境逐渐被人类的农业活动所侵占。面对环境的变迁，朱鹮展现了惊人的适应能力，开始在人类开垦的水田中觅食泥鳅、黄鳝和各种小昆虫。

朱鹮飞回来了

20 世纪 70 年代，朱鹮在全球各个分布地陆续失去踪迹。1981 年 5 月，一支考察队在陕西省洋县的山林中找到了七只朱鹮，洋县因此成为朱鹮在全球唯一的生存栖息地。为了防止蛇爬上树危害朱鹮的卵和幼鸟，人们会在树干上包裹塑料布、铁皮和刀片。不向田里喷洒农药也成为当地人的共识。功夫不负有心人，朱鹮如今的分布范围已经从洋县扩大到其周边地区。

我曾见证过沧海桑田

几千万年前，珙桐曾经广泛分布在世界各地。后来，由于气候变化的影响，珙桐的分布范围日益缩小。靠着西南地区特殊的地形地貌，珙桐在这里生存了下来。1869 年，法国博物学家阿尔芒·戴维在四川宝兴发现了野生珙桐的踪迹，引发了全球关注。

珙桐的花序非常独特，外围白色的部分是苞片，苞片的颜色最开始是绿色，接着会慢慢变成乳白色，最后变成棕黄色脱落。远远望去，乳白色的苞片宛如白鸽，所以珙桐又被称为"中国鸽子树"。

珙桐

三江源国家公园

地处"世界屋脊"青藏高原腹地的三江源国家公园，位于青海省西南部，是世界海拔最高、中国面积最大的国家公园。这里是我国乃至亚洲的重要水源地，也是全球气候变化反应最敏感的区域之一。

地形：地处青藏高原，平均海拔在 4700 米以上，主要山脉有巴颜喀拉山、唐古拉山等，中西部和北部为河谷山地。

万山之宗，千水之源

青藏高原独特的地理环境，孕育了三江源国家公园独特的生态系统。园区覆盖了长江、黄河和澜沧江三条江河的源头区域，具有重要的水源涵养功能，是数亿人的生命之源。

水文：水系发达，是长江、黄河、澜沧江的发源地，湖泊星罗棋布。

气候：典型的高原山地气候，冷暖两季、雨热同季，冷季长达 7 个月，空气含氧量低，多大风天气。

青藏高原的隆起过程

在 6500 万年前，如今的青藏高原还是一片广袤的水域。随后的板块运动使印度板块与欧亚板块相撞，使得欧亚板块持续上升，最终塑造出了青藏高原。

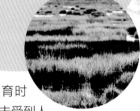

土壤：发育时间较短，基本未受到人类干扰，土层薄，质地粗，冻土面积较大。

植被：有森林、草甸、草原、荒漠等七个植被型组。其中，高寒草甸和高寒草原是园区内最重要的生态系统，分布广泛。

总面积
19.07 万
平方千米

长江源园区
14.69 万
平方千米

澜沧江源园区
1.21 万
平方千米

黄河源园区
3.17 万
平方千米

草地面积
13.25 万平方千米

占总面积的
69.5%

长江源 218.58 亿立方米

黄河源 215.14 亿立方米

澜沧江源 136.23 亿立方米

冰川资源蕴藏量达
2000 亿立方米

面积大于 1000 平方米的湖泊
167 个

每年为我国 18 个省（自治区、直辖市）和 5 个周边国家提供近
600 亿立方米的优质淡水

多年平均径流量

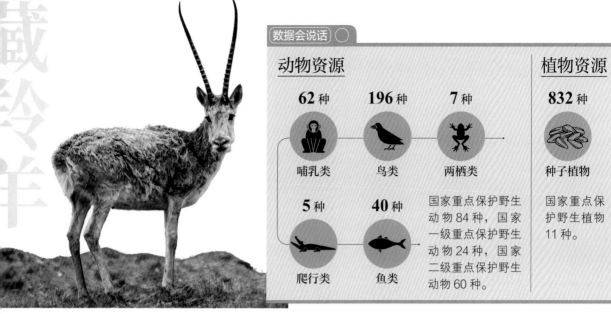

数据会说话

动物资源

62种
哺乳类

196种
鸟类

7种
两栖类

5种
爬行类

40种
鱼类

国家重点保护野生动物84种，国家一级重点保护野生动物24种，国家二级重点保护野生动物60种。

植物资源

832种
种子植物

国家重点保护野生植物11种。

藏羚羊数量变化

数量／只　■全国　■可可西里

30万
25万
20万
15万
10万
5万

20世纪80、90年代　　2021年　　时间

可可西里增加了约2.5倍，全国增加了约3.3倍。

｜进发！朝着卓乃湖

　　在青藏高原的东北部，生活着具有神秘色彩的藏羚羊。它们在大自然的严苛法则下，走上了一条独特的生存之路。

　　每年盛夏，来自青藏高原各处的藏羚羊沿着一条条生命通道，向可可西里的太阳湖和卓乃湖附近集结。母藏羚羊们不辞辛劳，长途跋涉，在这里产下新的生命。到了九月，小藏羚羊开始跟随母亲返回散布在青藏高原各处的家园。然而，这段旅程充满了挑战。藏羚羊的天敌如影随形，伺机捕获这些年轻的生命，每年约有三分之一的小藏羚羊无法完成这段旅程。

　　尽管如此，藏羚羊仍以其敏捷和坚韧在这片苍茫大地上生存下来，它们经历了冰雪的洗礼，在四季更迭中顽强生长。这些高原上的精灵，不仅展现了自然界中生命的顽强和韧性，更成为三江源国家公园的骄傲和象征。

藏羚羊的专属护航队

　　如今，三江源国家公园的众多牧民已经化身为这片生态区域的忠诚守护者。每年，当藏羚羊开始迁徙，这些牧民便会远远地跟随着藏羚羊，确保它们的迁徙之路安全无虞。当藏羚羊走出无人区，步入人类的世界，保护站还有专人负责在公路上为藏羚羊拦停车流，确保这些"高原精灵"能够顺利穿行。

铁路桥下的藏羚羊

为了保证野生动物顺利通行，青藏铁路在建设时就专门设计了30多处野生动物通道。

雪山上的隐身高手

三江源国家公园寂静的夜晚里，雪豹的影子在月光下若隐若现，它们是雪地上的幽灵，是大自然神秘力量的化身。这些高原之王，以其浓密的皮毛、深邃的目光和矫健的身姿，成为这片严酷环境中的隐秘精灵。

雪豹的身体适应了高海拔地区的艰苦生活。它们拥有厚实的皮毛，能够抵御寒冷刺骨的气候；灰白色的毛色与周围的雪山岩石融为一体，成为其天然的伪装。在广阔的白色世界中，雪豹以其出众的潜行能力，在雪地中静静行走，寻找猎物。它们在狩猎时展现出惊人的耐心和敏锐的观察力。一旦发现猎物，雪豹会以迅雷不及掩耳之势猛扑过去，凭借其发达的后腿肌肉和锋利的爪牙捕获猎物。

没错，我就是人们口中行走的"表情包"。

冷漠

它逃它追，它插翅难飞

高原鼠兔繁殖力惊人，整个夏天都是它们的繁殖期。它们身形矮小，毛色呈土黄色，以草为食，是青藏高原生态系统中不可或缺的一部分。而藏狐则是高原上的狡猾猎手，以其敏捷的身姿在荒原中穿梭，它们的生存密切依赖于捕食高原鼠兔。

这种捕食者与被捕食者之间的关系并非单纯的追逐与躲藏。高原鼠兔的数量直接影响着藏狐的生存状况。当鼠兔数量减少时，藏狐的食物来源受限，进而影响其繁殖和生存。它们的相互依存，既是自然选择的结果，也是生态平衡的体现。每一次藏狐的狩猎，每一次鼠兔的逃脱，都是自然界残酷与美丽并存的证明。

垫状点地梅

"低调"生长，"高调"开花

尽管青藏高原空气稀薄，气候条件恶劣，但生长在这里的植物仍然展现出了令人敬畏的生存智慧和强大的生命力。

为了应对低温、干旱和强风，植物们不断变矮，甚至贴着地面"低调"生长，但它们开出的花朵却绚丽多姿，显得十分"高调"——这是为了吸引更多的昆虫传粉。垫状点地梅身姿低矮，彼此紧密相连，共同抵御着气候变化；即使在冬天气温低至零下40多摄氏度的环境中，藓状雪灵芝仍能在次年发芽开花；多刺绿绒蒿在夏天绽放出蓝色花朵，显得格外绚丽……每年春夏，这些植物在雪山冰川的呵护下复活重生，让高原重新焕发出盎然生机。

多刺绿绒蒿

唯一的高原鹤类

每年三月，三江源国家公园内的湖泊和沼泽湿地就会被黑颈鹤的到来唤醒。这些珍稀的候鸟，每年都会从青藏高原东南部长途飞行至此繁殖后代。

黑颈鹤体态高挑，羽毛呈灰白色，颈部却被一圈鲜明的黑色所环绕。这种鲜明的对比，赋予了它们一种不可言喻的美感。它们的头顶上还有一块红色的斑块，如同天然的王冠，显得尊贵而神圣。黑颈鹤是世界上15种鹤类中最晚被发现和命名的，也是唯一一种栖息于青藏高原和云贵高原的鹤类。

年复一年，这些高原上的"舞者"在青藏高原的广阔天地间进行季节性迁徙，它们不仅丰富了这片土地的生物多样性，也见证着高原世界的四季更迭与岁月流转。

黑颈鹤通常营巢于四周环水的草墩上或茂密的芦苇丛中。

物种大比拼

黑颈鹤 **VS** 丹顶鹤

约 120 厘米	体长	120～160 厘米
灰白色	羽色	几乎纯白
头颈均为黑色	头颈	有白色斑块
主要分布在青藏高原和云贵高原	分布	范围广，分布于中国、俄罗斯、韩国等地

黑颈鹤

东北虎豹国家公园

东北虎豹国家公园地处中俄朝三国交界地带，是我国目前唯一与其他国家相邻的国家公园。它地跨吉林、黑龙江两省，分布有我国境内规模最大且唯一具有繁殖家族的东北虎、东北豹野生种群，是北半球中温带针阔混交林生态系统集中分布区的典型代表。

总面积
1.41 万
平方千米

黑龙江
4508
平方千米

吉林
9557
平方千米

整合了 **19** 个
原有自然保护地

野生东北虎豹种群数量已增长至 **110** 只以上

在关键区域开辟 **290** 余处边境动物通道

阔叶林

针阔混交林

针叶林

区域内森林覆盖率
达 **96.6%**

长白山下的苍莽世界

位于中国东北部的东北虎豹国家公园，四季分明，拥有十分广袤的森林，为多种野生动植物提供了理想的栖息地。在这片古老而神秘的土地上，自然的律动和生命的脉动共同编织出一幅壮丽的生态画卷。

地形： 地处长白山支脉老爷岭南部，以中低山、峡谷和丘陵地貌为主，山体海拔普遍在 1000 米以下，最高峰老爷岭海拔为 1477.4 米。地势中间高，四周低。

☀ 极端最高气温 37.5℃

❄ 极端最低气温 –44.1℃

气候： 属温带大陆性季风气候，春季少雨干旱，夏季炎热短暂，秋季冷凉，冬季寒冷漫长。

水文： 主要有珲春河、绥芬河、穆棱河等 8 条河流，分属图们江等 4 个水系，水系发达。

植被： 自然植被类型包括森林、灌丛、草甸、沼泽、水生植被 5 大类，8 个植被型，30 个群系。

动物资源

59种
哺乳类

264种
鸟类

14种
两栖类

16种
爬行类

44种
鱼类

国家重点保护野生动物58种，国家一级重点保护野生动物14种，国家二级重点保护野生动物44种。

植物资源

791种
种子植物

国家重点保护野生植物8种，国家一级重点保护野生植物1种，国家二级重点保护野生植物7种。

｜"山大王"重回山林

东北虎豹国家公园内连绵不绝的森林形成了遮天蔽日的良好生态环境。森林深处的獐狍、野鹿成群结队，为东北虎、东北豹等肉食性动物提供了丰富的食物来源。自古以来，这里便是东北虎豹的天然栖息地。

然而，20世纪的伐木活动使东北虎的生存环境日益恶化，贪婪之人更为了获取东北虎的皮毛而猎杀它们，导致东北虎数量急剧减少。与东北虎同样稀有和珍贵的东北豹，行踪诡秘，领地很大，且从不在一个地方久留，使得人们难以见其真容。

据1998~1999年的调查显示，当时中国境内的东北虎、东北豹的数量一共不足30只。经过人们多年的努力，作为生物多样性保护的**旗舰物种**，两位"山大王"如今终于重新回到了山林。

旗舰物种
如同生态环境保护的代言明星，指的是那些仅分布于某些特定生态系统中、作为这些生态系统存在标志的物种，常被用来唤起公众对生态环境保护的关注。

物种大比拼

东北豹 **VS** 东北虎

0.8~1.4米	体长	平均在2.8米左右
60~100千克	体重	平均达350千克左右
黑褐色圆斑，颇似古代的铜钱	纹路	赤褐色条纹
头略小	头部	头略大

虎的演化过程

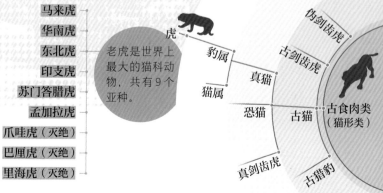

马来虎
华南虎
东北虎
印支虎
苏门答腊虎
孟加拉虎
爪哇虎（灭绝）
巴厘虎（灭绝）
里海虎（灭绝）

老虎是世界上最大的猫科动物，共有9个亚种。

虎
豹属
真猫
猫属
恐猫
古猫
古食肉类（猫形类）
伪剑齿虎
古剑齿虎
真剑齿虎
古猎豹

东北的顶级乔木

东北是中国唯一生长有大片红松的地方，在东北虎豹国家公园的辽阔森林中，耸立着这种古老的树木。在松鼠和星鸦的帮助下，红松能够将自己的种子传播到周围的其他森林中。这些种子一同萌发，争夺阳光和养分，直至其中一颗种子在竞争中胜出，逐渐长成参天大树。

红松林是多种野生动物的家园，为它们提供了理想的栖息地和食物来源。红松林茂密的枝叶成为鸟类筑巢的绝佳选择；树下的林荫处常有棕熊、马鹿等动物出没；红松的果实松子，不仅滋养了森林中的各种动物，还被人类广泛利用，成为珍贵的食品和药材……

橡胶　医药　家具　造纸　食用　肥皂　造船　油漆

红松的多种用途

会上树的鸭子

每年春天，一种中国特有的珍稀鸟类会从南方回到东北虎豹国家公园。这种鸟类在地球上生存了超过 1000 万年，它们就是中华秋沙鸭。目前全球中华秋沙鸭的数量约 3000 只，被誉为"鸟中大熊猫"。

中华秋沙鸭喜欢在离河流较近的树洞内筑巢，巢穴通常离地面 10 到 15 米。每年初夏，幼小的中华秋沙鸭们会毫不畏惧地从高高的树洞中跳下，迅速汇入下方的河流。中华秋沙鸭对生存环境的选择极为苛刻。它们不仅挑选合适的树木筑巢，而且还要考虑水、温度、食品源等因素，这使得中华秋沙鸭成为当之无愧的"湿地生态质量的指示物种"。

梅花鹿又称"花鹿"，是我国一级重点保护野生动物。

脑后有冠羽。

雄鸟的头部呈黑色。

两胁羽毛上有黑色鳞纹，是中华秋沙鸭十分醒目的特征。

雌鸟的头部和颈为棕褐色。

嘴部细长，上下喙的两侧长有锋利的锯齿状牙齿，很像爬行动物的牙齿。

果似红豆，叶似杉

生长在海拔 2000 至 3000 米的红豆杉，有着 250 万年的悠久历史。红豆杉的果实宛如红豆，树高可以达到 30 米。自 1971 年美国科学家从红豆杉的根、皮、茎、叶中提取出了具有抗癌功效的神奇化合物紫杉醇开始，这种植物便引起了世人的广泛关注。

生长在东北虎豹国家公园里的东北红豆杉，是中国五种野生红豆杉中的一员。它的枝条平展，叶片呈绿色，在枝条上整齐地排列着，其树皮为褐色，岁月在树皮表面留下了斑驳的痕迹。

东北红豆杉
分布在辽宁、吉林和黑龙江三省，分布面积较小。

西藏红豆杉
分布在西藏，呈隔离状态，数量稀少、濒危。

云南红豆杉
分布在云南、西藏、青海等省，分布集中、种群密度高。

中国野生红豆杉分布

中国红豆杉
种群密度低，零星分布在甘肃、陕西、四川、湖南等地。

南方红豆杉
主要分布在中国南方，范围广、稀疏、分散。

身穿漂亮花衣服

梅花鹿是一种十分漂亮的食草动物，也是虎豹的主要取食对象之一。这种鹿的名字来源于其皮毛上独特的白色斑点，它们像盛开的梅花一样，点缀在其深棕色的皮肤上。梅花鹿的身材修长而轻盈，四肢纤细却异常强健。它们以青草、嫩芽和树叶为食，优雅地穿梭在林间。

鹿角是雄性梅花鹿独有的标志，是它们力量的象征。新出生的小梅花鹿没有鹿角，等它们长到 1 岁时，就迎来它们生命中的第一对鹿角。到了第二年，这对初生的鹿角脱落，新长出来的鹿角会增加一个分叉，之后每年鹿角都增加分叉，直到梅花鹿成年，鹿角才会定型。

保护生物，人类在行动

森林里的"智能家居"

在公园腹地，人们建起了"天地空"一体化监测系统，这是全球自然保护领域最大的实时智能监测系统。约 3 万台实时传输红外相机等终端监测设备组成了"地面"观测网，"空"中有无人机，"天"上还有遥感卫星。这一套系统不仅能回传生物的高清图像与视频，还能监测土壤、水质、空气等关键生态数据。

武夷山国家公园

位于我国东南地区的武夷山国家公园，纵贯赣、闽两省，不仅是我国浙闽沿海山地最具代表性、世界同纬度带现存最典型的原生性中亚热带森林生态系统，也是著名的物种基因库，享有"鸟的天堂""蛇的王国""昆虫的世界"等诸多美誉。千百年来，这片土地更为茶文化的发展和传播提供了良好环境，有着极其重要的文化价值。

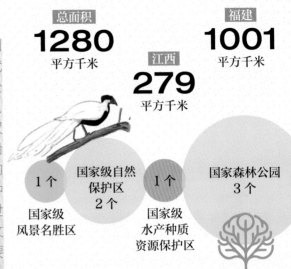

总面积 **1280** 平方千米

江西 **279** 平方千米

福建 **1001** 平方千米

1个 国家级风景名胜区

国家级自然保护区 **2个**

1个 国家级水产种质资源保护区

国家森林公园 **3个**

动物资源

95种 哺乳类

430种 鸟类

50种 两栖类

99种 爬行类

95种 鱼类

国家重点保护野生动物126种，国家一级重点保护野生动物15种，国家二级重点保护野生动物111种。

植物资源

2781种 种子植物

国家重点保护野生植物85种，国家一级重点保护野生植物3种，国家二级重点保护野生植物82种。

碧水丹山，秀甲东南

武夷山以其壮观的丹霞地貌和葱郁的亚热带森林闻名于世。这里山峦蜿蜒起伏，群峰连绵，山中溪流清澈，泉水潺潺，为这里的生态系统注入了无限生机。

地形：园区西部以深大断裂谷和断块山脊为主，东部则发育了极为壮观奇特的丹霞地貌。黄岗山是园区内最高峰，海拔2160.8米，为我国大陆东南地区第一峰。

丹霞地貌的形成过程

1 火山受到风化和侵蚀，砂砾、沙粒等沉积物被冲击到较低的地方，逐渐形成沉积岩。

2 沉积岩中的铁发生氧化作用，渐渐变成红色。

3 在地壳运动的推动下，沉积岩岩层逐渐上升或者倾斜。

4 雨水切过岩石中的裂隙，将之扩宽，形成独特的岩石形态。

> **丹霞地貌**
>
> 1928年，中国矿床学家冯景兰在广东看到了由厚达300～500米的红色岩层形成的堡垒状的奇峰陡崖，他意识到这是一种独特的地貌景观，于是便借用当地地名"丹霞"为其命名，而这两个字又源自曹丕的诗句"丹霞夹明月，华星出云间"，指天上火红的彩霞。

整合了 **7** 个原有自然保护地

林地面积
1224.52 平方千米

占园区总面积的
95.68%

黄腹角雉常在茂密的林下灌丛和草丛中活动。

武夷山天游峰

九曲溪上看玉女峰

掩耳盗铃的"笨鸟"

在武夷山国家公园里，有一种中国独有的雉类——黄腹角雉。它们被当地人亲切地称为"笨鸟"或"呆鸡"，这是因为它们体形粗笨，胆小木讷，在受到惊吓时会将头埋入草丛中，而它的身体其余部分依旧暴露在外，使得这种行为颇有一种掩耳盗铃的意味，于是黄腹角雉很容易被天敌捕获。

到了春天，黄腹角雉迎来了繁殖期，求偶的雄鸟喉下的肉裙会膨胀下垂，上面朱红色和翠蓝色的条纹纵横交错，头上那一对翠蓝色的肉角更是挺直突出。李时珍在《本草纲目》中记载："项有嗉囊，内藏肉绶，常时不见，每春夏晴明，则向日摆之。顶上先出两翠角，二寸许，乃徐舒其颔下之绶，长阔近尺，红碧相间，采色焕烂，超时悉敛不见。或剖而视之，一无所睹。"并据此特性称其为"吐绶鸡"。

气候：属中亚热带季风气候，这里温暖湿润，四季分明且降水丰富。

土壤：土壤类型具有明显的垂直地带性特征。以黄岗山为例，随着海拔下降，其土壤类型依次为山地草甸土、黄壤、黄红壤和红壤。

水文：闽江和鄱阳湖信江水系的重要发源地，流域面积广。因河谷流水深切，园区内多急流瀑布和湍滩。

植被：园区内保存有我国东南大陆完整的垂直带谱，形成了"一山多景"的奇特风貌，囊括了我国中亚热带地区所有植被类型。

武夷山国家公园植被
垂直分布示意图

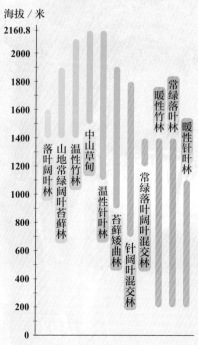

海拔／米

2160.8

2000

1800

1600

1400

1200

1000

800

600

400

200

0

落叶阔叶林
山地常绿阔叶苔藓林
温性竹林
中山草甸
温性针叶林
苔藓矮曲林
针阔叶混交林
常绿落叶阔叶混交林
暖性竹林
常绿落叶阔叶林
暖性针叶林

黑麂

不羁的发型好惹眼

黑麂是武夷山国家公园中一种十分珍贵的动物，是中国特有物种。尽管它在众多野生动物中并不广为人知，却是国家一级重点保护野生动物，其分布范围狭小，局限在福建、安徽、浙江、江西四省的交界处。

黑麂生性胆小，通常在晨昏时候活动，是麂类中体形较大的种类。它的外表颇为独特，其整体毛色呈棕黑色，尾部尤为醒目——尾部背面为黑色，尾腹和尾侧呈白色。它们的头上点缀着一簇放浪不羁的毛发，因此也被称为"红头麂"或"蓬头麂"。

雄性黑麂的眼睛前下方拥有独特的眶下腺，在繁殖季节，雄性黑麂会用眶下腺蹭拭枯枝、草秆，留下自己的气味。这种行为既是为了吸引异性，也是在向同性宣告自己的领地。

连李白都偏爱的仙鸟

清澈的溪水在武夷山国家公园里蜿蜒穿行，为无数生命提供了宝贵的水源，吸引了众多鸟类在此繁衍生息，其中最为引人注目的，便是神秘而高贵的白鹇。

白鹇以纯洁的羽毛和高贵的仪态著称于世。雄白鹇的羽毛洁白如雪，尾羽长而优雅，显得高贵而优雅。自古以来，白鹇就是中国名贵的观赏鸟，深受李白等文人墨客的赞美与喜爱，其形象更在清代成为五品文官官服上的图案。它们的每一次展翅，都彰显着生命的灵动。

武夷山的忠实守护者

微风拂过，山花怒放，整个公园沐浴在绚烂的色彩之下，有些生命却选择了不同的繁衍之道。竹子并不依靠开花结果来繁衍，而是依赖于地下深处的茎，也称"竹鞭"。竹鞭上的芽眼逐渐长出竹笋，继而长成新竹。通过这种无性繁殖的方式，竹林能够迅速覆盖山坡。

在黄岗山上生长着一种适应力极强的竹子——武夷山玉山竹。它们比其他竹类显得更为矮小，叶片细长，却能在零下10摄氏度的严寒中茁壮成长。武夷山湿润多雨的气候条件为新竹提供了理想的生长环境，而这些竹子反过来也是武夷山最忠实的守护者。

雄鸟的体长可达100至119厘米，羽毛洁白。

雌鸟的羽毛呈橄榄褐色，体形也相对较小。

白鹇

武夷岩茶

山中有茶韵

在武夷山国家公园的腹地，阳光照耀在沉睡一冬的茶树上，预示着春天的到来。这里巨大的昼夜温差和湿润的空气孕育了乌龙茶的珍品——武夷岩茶。曾经的火山活动形成了独特的岩石地貌，这些岩石经历风化，变成了富含矿物质和有机质的红色砂砾土，为茶树的生长提供了独一无二的养分。

山谷狭窄，岩石裸露，茶树顽强地在这里生长，经历着自然的洗礼。这些茶树不仅是见证岩茶历史的活化石，也是茶文化的传承载体。每一片茶叶，都凝聚着天地精华和人类的匠心独运。经过独特的半发酵工艺处理后，这些茶叶化身为散发着花香的琥珀色茶汤，诉说着这片土地上无尽的故事。

茶叶的分类

根据茶叶的发酵程度，茶叶可以分成绿茶、白茶、黄茶、青茶、红茶和黑茶。绿茶是不发酵的茶。其余茶叶都在制作过程中经历了不同程度的发酵。

发酵 —— 白茶　黄茶　青茶　红茶　黑茶

茶叶

不发酵 —— 绿茶

好一座文化名山

武夷山不仅风光独秀，还是一座历史文化名山。西汉朝廷曾派遣使者前往武夷山祭祀武夷君，唐玄宗大封天下名山大川时，武夷山也受到封表。后来，宋朝著名理学家朱熹等人先后在此聚徒讲学，武夷山又被称作"三朝理学驻足之薮"。

千百年的历史渊源为武夷山留下了不少寺庙宫观和书院学斋等古迹，其中以坐落在武夷山隐屏峰下的武夷精舍最为著名。武夷精舍筹划营建于1183年，宋朝理学家朱熹曾在此讲学，有"武夷之巨观"的美称。

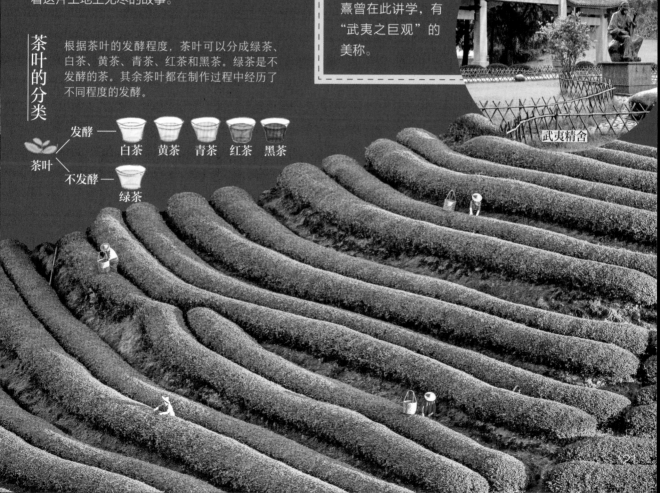

武夷精舍

海南热带雨林国家公园

在我国海南岛中南部，有一座国家公园保存了我国分布最集中、类型最多样、连片面积最大、保存最完好的大陆性岛屿型热带雨林，它便是海南热带雨林国家公园。这里奇花异草争奇斗艳，珍禽异兽尽显风采，对于全球生物多样性保护具有十分重要的意义。

在这里，遇见热带好风光

海南热带雨林国家公园覆盖着广阔的山脉，蕴藏着丰富的水资源，这里气候温暖湿润，山川、溪流和瀑布构成了一幅迷人的自然画卷。茂密的树冠层下，无数生物在这片古老的雨林中演绎着关于生命的故事。

地形：囊括五指山山脉和黎母岭山脉的大部分区域，地貌涵盖山地、丘陵和台地，海拔 1867 米的五指山为园内最高点，最低点海拔仅 45 米。

水文：海南热带雨林国家公园是南渡江、昌化江、万泉河等海南岛主要江河的发源地。

五指山

土壤：基带土壤为砖红壤，随海拔升高，土壤依次为砖红壤、赤红壤、黄壤和草甸土。

植被：植被型组有阔叶林、针叶林、灌丛和草丛。山地雨林是海南岛热带森林植被中面积最大、分布较集中的植被类型。

气候：地处热带，属热带海洋性季风气候，气温高，降水充沛，干湿季明显，受台风活动影响大。

数据会说话

动物资源

88 种
哺乳类

296 种
鸟类

47 种
两栖类

101 种
爬行类

国家重点保护野生动物 145 种，国家一级重点保护野生动物 14 种，国家二级重点保护野生动物 131 种。

植物资源

3131 种
种子植物

国家重点保护野生植物 149 种，国家一级重点保护野生植物 7 种，国家二级重点保护野生植物 142 种。

总面积
4269
平方千米

五指山片区

黎母山片区

霸王岭片区

吊罗山片区

毛瑞片区

尖峰岭片区

鹦哥岭片区

整合了 **20** 个原有自然保护地

森林覆盖率为 **95.9%**

雨林面积为 **3154** 平方千米，约占总面积的 **73.9%**

为海南省 **86%** 的饮用水源地提供稳定安全的饮用水源

雨林植物有奇招

为了争夺养分，海南热带雨林国家公园里的一些植物们使出浑身解数，"各显神通"。

1 于无声中绞杀敌人

榕树是典型的绞杀者。它的种子经鸟类排泄后落于大树的树枝上发芽，逐渐长出气生根。气生根紧贴寄主的树干向下生长，在寄主的树身周围形成网状的缠绕根系，最后完全包围寄主并严重影响寄主的生长，导致寄主树的死亡。

交错盘缠的榕树

3 血液中流淌着致命毒药

在海南热带雨林国家公园中，有一种树的毒性之强，让其他所有树木都望尘莫及，它就是"见血封喉"树，又叫箭毒木。"见血封喉"树最大的特点是其树体的白色汁液含有剧毒，汁液进入伤口可引起人们心脏麻痹，甚至窒息而亡。

"见血封喉"树

2 站在巨人肩膀上

在热带雨林中，一些植物依附于高大的树木攀爬至树冠层以捕捉阳光，另一些植物的种子或孢子则随风上升至树冠层安家。它们在空中生长开花，共同构成了被称为"空中花园"的神奇景观。在这些植物中，鸟巢蕨进化出了叶片上举的篮式结构，能够收集并消化树冠层掉落的落叶，以此获取营养。

鸟巢蕨

海南长臂猿

荡起双臂，翻山越岭

我们成年后就得离开父母和弟弟妹妹，独自谋生。

晨光透过密集的树冠，洒在森林的地面上。在高高的树梢上，海南长臂猿开始了它们新的一天。作为极危的灵长类动物，海南长臂猿全球仅剩 30 多只，都生活在海南热带雨林国家公园里，是海南特有物种。

这些动物是树冠层上的高手，它们通过手臂摆动，在树枝间轻盈地荡来荡去。长而有力的手臂让它们能够轻松地跨越长达 10 米的空隙。成年后的雄性和雌性海南长臂猿在外观上有着显著的不同，雄性毛发为黑色，雌性毛发为金黄色。海南长臂猿还善啼叫，人们有时能听到它们的啼声回荡在山谷中。

只生活在海南岛的鸟儿

日复一日，海南热带雨林国家公园中回荡着自然界的交响乐。这里鸟类种类繁多，它们每日的歌唱声构成了森林中的动听乐章。海南岛这块生物多样性的宝地，孕育了四种特有的鸟类：海南山鹧鸪、海南孔雀雉、海南柳莺以及海南画眉。

天空之桥

为了连接海南长臂猿林冠生境的巨大空隙，促进海南长臂猿不同种群间的交流，护林员们在各处滑坡种下了上千棵树苗，并攀爬至树顶，在高达十几米的树冠间用绳索为海南长臂猿铺设起一条条空中通道。人们监测到海南长臂猿对绳桥的利用频率正越来越高。

海南画眉

海南柳莺

海南山鹧鸪

同属于鸡形目雉科动物的海南山鹧鸪和海南孔雀雉是家族中的珍稀成员，它们只在这片岛屿山林中筑巢生息，被列为我国一级重点保护野生动物。海南柳莺是一种小型且活泼的食虫雀类，以其细尖而清脆的鸣声著称，拥有独特的黄色眉纹和暗色眼纹，羽毛整体呈现出鲜艳的黄绿色，十分引人注目。此外，海南热带雨林国家公园中还生活着拥有白色眼线的海南画眉，这种优雅的鸟类是我国二级重点保护野生动物。

鸟鸣环绕，难觅其踪。在海南热带雨林中，这些鸟类是这片土地上的音乐家，用它们独特的歌声，讲述着大自然的故事。

海南坡鹿 VS 梅花鹿

	亚种	
属于坡鹿的四大亚种之一	**亚种**	现存三大亚种
体形较小	**体形**	体形中等
白斑数量少，仅分布在脊椎两旁和臀部	**斑点**	身上有大量排列成行的白斑
眉枝和主干夹角大于90°，似弓箭	**角**	眉枝和主干夹角小于90°
春夏交配，秋冬产仔	**繁殖习性**	秋冬交配，春夏产仔
仅分布在中国海南省	**分布**	广泛分布于亚洲东北部

坡地上的美丽精灵

早在一万年前就扎根海南的海南坡鹿是中国17种鹿类中最为珍贵的一种，被列为我国一级重点保护野生动物。海南坡鹿主要栖息在海拔200米以下的丘陵坡地或平地上。在海南的方言中，"坡"意味着"平地"，这就是坡鹿名称的由来。与其他许多鹿种秋冬交配、春夏产仔的习性恰好相反，海南坡鹿春夏交配、秋冬产仔。这种独特的繁殖习性是海南坡鹿长期适应海南岛热带环境的结果——海南的秋冬季是雨季，此时草木茂盛，为这种珍稀动物提供了充足的食物。

通常可以看到3到5只海南坡鹿聚在一起。

来自黄猄蚁的筑巢邀请

和很多住在地下的蚂蚁不同，黄猄蚁生活在六到十米高的树上，在筑巢过程中展现出与生俱来的建筑天赋。蚁群首先爬到树叶的边缘，用后腿勾住一片树叶，然后身体悬空去咬住另一片树叶。当两片树叶距离较远时，黄猄蚁会首尾相连，形成"蚁桥"拉近树叶。最后，黄猄蚁将幼虫叼在嘴里，轻拍幼虫头部刺激幼虫吐丝，从而黏合缝隙。这样井然有序的筑巢过程，展示了黄猄蚁非凡的协作能力，也彰显了一种神奇的生物现象。

保护生物多样性，不仅是保护大型动植物，也包括保护这些看似微不足道实则极为重要的小型生物。在这片热带天堂中，黄猄蚁是生态长卷上的重要笔触，共同参与描绘出了一个多彩、和谐的自然世界。

海南坡鹿

黄猄蚁

祁连山国家公园试点区

在我国青藏高原、内蒙古高原和黄土高原的交汇地带，坐落着跨越甘肃、青海两省的祁连山国家公园试点区。来自西南、东南的季风在这里与西风带相遇，共同打造出了干旱高原上一座生机勃勃的绿色湿岛。

数据会说话

动物资源

 **69** 种 哺乳类

 206 种 鸟类

6 种 鱼类

国家重点保护野生动物54种，国家一级重点保护野生动物15种，国家二级重点保护野生动物39种。

植物资源

1286 种 种子植物

国家重点保护野生植物34种，国家一级重点保护野生植物2种，国家二级重点保护野生植物32种。

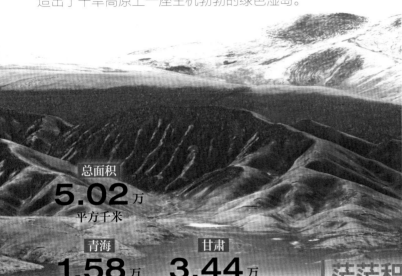

总面积
5.02 万
平方千米

青海
1.58 万
平方千米

甘肃
3.44 万
平方千米

草原植被平均覆盖度在 **50%** 以上

保护生物，人类在行动

离冰川再远一点儿

祁连山脉巍峨耸立，拥有3000多座壮观的冰川。然而数据显示，过去几十年间祁连山地区因为气候变化失去了168平方千米的冰川。为了保护这些冰川，减少人类活动对它们的直接影响，祁连山区域内的多条冰川旅游线路已经关停。作为地球上宝贵的自然财富，祁连山冰川的变化提醒着人们关注气候变化问题以及采取行动的紧迫性。

茫茫积雪，巍巍祁连

祁连山脉海拔较高的山峰终年积雪，深厚的积雪和冰川覆盖着连绵的山脉，煞为壮阔。春夏之交，当暖阳照耀，山间谷地的雪水渐渐融化，形成潺潺流水，随着山势缓缓流淌。这些源源不断的流水，是河西走廊的生命之源，滋养着下游万千生命。

祁连山国家公园试点区内分布着一系列高山、沟谷和山间盆地，地形之复杂令人叹为观止。这里属高原大陆性气候，空气稀薄，太阳辐射强烈，昼夜温差大。受由东向西逐渐减弱的东南季风影响，这里形成了一个东西差异明显的高寒生态系统，展现出丰富的生物多样性。此地水资源丰富，河流纵横，被誉为"小三江源"，其中黑河是我国西北地区第二大内陆河，是该区域不可或缺的生态血脉。

当地人常叫我"蝎龙"，意为"跑得飞快的小东西"。

青海沙蜥通过共享洞穴、相互依靠来抵御低温，这不仅是一种生存技巧，也反映了自然界中动物间彼此合作的奇妙现象。

抱团取暖的"陌生人"

青海沙蜥是祁连山地区一种拥有独特行为习性的动物。与其他蜥蜴相比，青海沙蜥展现出一种更为复杂且有趣的卷尾、摆尾行为。它们的尾巴时而直立，时而弯曲，摆尾的速度也各不相同。科学家们猜测，这种行为可能是青海沙蜥用来向同类传递特殊信息的一种方式。

作为一种变温动物，青海沙蜥对温度的变化十分敏感，需要依靠太阳辐射来调节体温，因此它们每天都会进行"日光浴"。当祁连山寒冷的冬季来临，青海沙蜥会选择在洞穴中"抱团取暖"来度过严冬。更为奇特的是，同一洞穴中聚集的青海沙蜥大多数并没有亲属关系，很多甚至是彼此之间的"陌生人"。

物种大比拼 岩羊 **VS** 藏羚羊

动物界的攀岩大师

在祁连山国家公园试点区的崇山峻岭间，生活着一种典型的高山动物——岩羊。它们是少数几种能够生存在海拔 5000 米以上的哺乳动物，已经在高原上繁衍生息了数百万年。

岩羊主要栖息在高原地区裸露的岩石和山谷的草地上。它们以惊人的攀爬能力而闻名，即使是在险峻的悬崖峭壁上也能健步如飞。为了适应峭壁上的生活，岩羊们进化出独特的脚趾。它们的脚趾小而尖，能够像钉子一样牢牢地嵌入石缝中提供支撑。同时，它们的脚趾底部凹凸不平，极大地增加了攀爬时的摩擦力。这些身体特征使得岩羊能在峭壁上自如地行走和跳跃，展示了它们适应恶劣环境的卓越本领。

牛科岩羊属的一种	科属	牛科藏羚属的唯一种
体形中等	体形	体形小
115～165 厘米	体长	小于 100 厘米
体重超过 20 千克	体重	不超过 20 千克
雌雄均有角，角间距宽，横棱不明显	角	仅雄性有角，角间距较窄，横棱明显
棕灰色，与岩石颜色相近	毛色	背为红棕色，臀斑和腹部为白色

神农架国家公园试点区

神农圣像

神农架大九湖

相传上古时期，神农氏在一片山林中发现了可以充饥的食物和治愈病体的良药，这片山林就是神农架。这里是全球第一个同时拥有"世界生物圈保护区""世界地质公园""世界自然遗产""国际重要湿地"四大国际保护头衔的地方，具有举世瞩目的生物多样性。

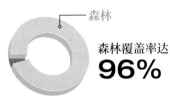

总面积
1170
平方千米

森林

森林覆盖率达
96%

天然林

其中 **91.2%** 以上的森林是天然林

数据会说话

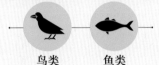

动物资源		植物资源
449 种	**75** 种	**3919** 种
鸟类	鱼类	种子植物
国家重点保护野生动物 138 种，国家一级重点保护野生动物 26 种，国家二级重点保护野生动物 112 种。		国家重点保护野生植物 90 种，国家一级重点保护野生植物 8 种，国家二级重点保护野生植物 82 种。

撑起华中的古老屋脊

神农架国家公园试点区坐落于湖北省西北部，这片广袤的土地是华中地区海拔最高的地方，因而被称为"华中屋脊"。试点区群山环绕，层峦叠嶂，山脉呈东西向延伸，其中被誉为"华中第一峰"的神农顶，海拔高达 3106.2 米，与区内海拔最低点的相对高差超过 2700 米。

这里也是世界罕见的"天然地质博物馆"，拥有近 200 处不同类型的地质景观，每一处都如同大自然精心雕琢的艺术品。试点区地处北亚热带季风区，夏季湿润多雨，冬季温和少雨。独特的地形和气候使这里分布着北半球中纬度地区唯一一块保存最为完好的原始森林，孕育了无数珍稀植物和动物，是自然界中的一块瑰宝。

论吸水，没有谁能比过它

泥炭藓身材矮小，却具有极其强大的保水功能，能够吸收自身体重 20 多倍的水分，其死亡之后所形成的黑色泥炭也可以吸收自身体重 8 倍的水分。在神农架国家公园试点区大九湖湿地中分布的泥炭藓在全球同纬度地区面积最大、年代最久远、种群结构最完整，这造就了大九湖独特的储水功能，使大九湖成为南水北调中线工程的天然蓄水库，能够源源不断地向其他地方供给水资源。

泥炭藓

声如婴儿，形似鱼

在神农架清澈的溪水中，生存着中国大鲵这种来自远古时代的两栖动物。因其叫声似婴儿啼哭且长得像鱼，人们亲切地称之为"娃娃鱼"。

中国大鲵体形较长，身躯扁平，表面布满深色的不规则斑点，这种伪装使它在岩石的缝隙间很难被发现。它还拥有高强的耐饥本领，不进食也能在清凉的水中生存两年之久。此外，中国大鲵的呼吸方式也颇为奇特。幼年时期，它依靠外鳃进行呼吸；一岁之后，外鳃逐渐萎缩，新长出的肺替代鳃起到呼吸的作用，长着微小气孔的皮肤也承担了部分呼吸功能。作为从水生鱼类向真正陆栖动物过渡的一个关键物种，中国大鲵见证了生命演化的奇迹。

保护生物，人类在行动

中华蜜蜂的专属基地

近年来，随着外来蜂种的大量引入，中华蜜蜂这一本土物种的活动空间遭受侵蚀。为了保护这一物种，维系本土植物的正常生态，神农架设立了中华蜜蜂保育基地，成为湖北省唯一一个不饲养外来蜂种的地区。人们不仅致力于突破蜜蜂繁育技术，以扩大中华蜜蜂的种群数量，还精心种植了大量的蜜源植物，为它们提供充足的花粉和花蜜。

神农架地质演化的主要阶段

距今约 16 亿—10 亿年

当时的神农架是一片汪洋大海。海洋下沉积了厚达 4000 多米、以白云岩为主的独特地层，即"神农架群"。

距今约 10 亿—8 亿年

这片海洋遭遇了一次壮观的变革。被称为"晋宁造山运动"的大规模构造运动使得神农架不断抬升，形成陆地。

距今约 8 亿—2.5 亿年

神农架再次经历了全面海侵，被海水淹没，后来又开始逐渐上升，最终脱离海洋成为陆地。

距今约 2.5 亿年—6500 万年

"燕山造山运动"使神农架地层发生了巨大的褶皱和断裂，形成了以神农顶为中心、形似倒扣铁锅的构造格架，是神农架构造格架定型的主要时期。

距今 260 万年以来

神农架总体上处于间歇性抬升阶段。在风化剥蚀和水流冲刷等外力作用下，神农架群地层逐渐暴露于地表，孕育了溶洞、地下暗河等地质遗迹。

南山国家公园试点区

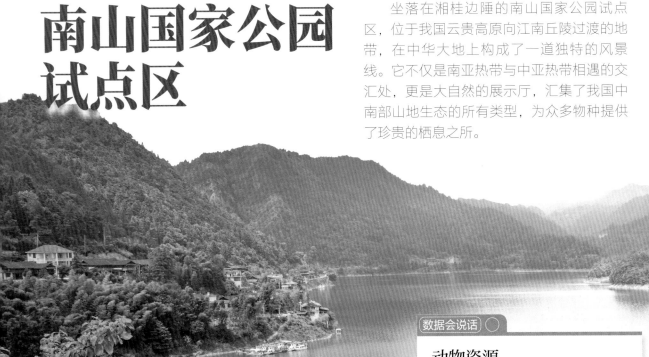

坐落在湘桂边陲的南山国家公园试点区，位于我国云贵高原向江南丘陵过渡的地带，在中华大地上构成了一道独特的风景线。它不仅是南亚热带与中亚热带相遇的交汇处，更是大自然的展示厅，汇集了我国中南部山地生态的所有类型，为众多物种提供了珍贵的栖息之所。

▍湖南的天赐胜地

南山国家公园试点区地处南岭山脉和雪峰山脉之间，是我国南北纵向山脉与东西横向山脉的交汇枢纽。该区域由湖南白云湖国家湿地公园等四个国家级自然保护地及周边具有保护价值的区域共同整合而成。

这里是国家生态安全战略"两屏三带"中"南方丘陵山地带"的中心区域，地形地貌丰富，囊括了丘陵、岗地、溶洞和溪谷平原等诸多类型的地貌，最高点与最低点间的相对高差达到了1596米。受地形的影响，此地易形成各种独特的小气候。

此地还是长江流域沅江水系、资水水系和珠江流域西江水系三大水系的分水岭。河流纵横交错，众多湖泊与水库构成了一幅动人的山水画。其中白云湖更是当地居民的饮用水源，千百年来谱写出了人与自然和谐共处的绝妙赞歌。

"两屏三带"

"两屏三带"是我国生态安全战略格局的主体，其中"两屏"为青藏高原生态屏障和黄土高原—川滇生态屏障，"三带"为东北森林带、北方防沙带和南方丘陵山地带。

数据会说话

动物资源

49 种 — 哺乳类

197 种 — 鸟类

31 种 — 两栖类

49 种 — 爬行类

58 种 — 鱼类

国家重点保护野生动物77种，国家一级重点保护野生动物9种，国家二级重点保护野生动物68种。

植物资源

2358 种 — 种子植物

国家重点保护野生植物26种，国家一级重点保护野生植物4种，国家二级重点保护野生植物22种。

总面积

635.94

平方千米

单次过境候鸟最高达
46000 余只

山地占总面积的
90% 以上

动物界的"香妃"

在我国，麝分为原麝、马麝和林麝，其中林麝是麝属中体形最小的一种动物。在南山国家公园试点区里就分布着一群林麝。

不同于雌性林麝，雄性林麝长有一对引人注目的獠牙，它们肚脐下还藏着一个特殊的分泌器官麝香腺，能分泌出麝香这种独特的物质。麝香不仅可以制成香料，更是一味宝贵的中药材，被称为"软黄金"。在南山国家公园试点区郁郁葱葱的林海中，林麝安静地穿梭于密林之中，它们的生命与这片广袤的土地息息相关。

林麝

延续千年的候鸟"驿站"

在南山国家公园试点区的群山之中，隐藏着一条历史悠久的千年鸟道，它是全球九大候鸟迁徙路线中的珍贵一环。这里所处的东亚—澳大拉西亚候鸟迁徙路线，是世界上鸟类种群数量最为庞大的迁徙通道之一。每年九到十月和三到四月，南山国家公园试点区都会迎来大量南下或北上的候鸟，形成了一幅壮观的生态迁徙图景。这种一条通道有两季鸟迁的自然奇观在我国极为罕见。

全球候鸟主要迁徙路线

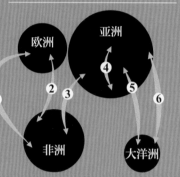

1 东大西洋迁徙线	2 黑海／地中海迁徙线	3 西亚—东非迁徙线
4 中亚迁徙线	5 东亚—澳大拉西亚迁徙线	6 西太平洋迁徙线
7 太平洋美洲迁徙线	8 密西西比美洲迁徙线	9 大西洋美洲迁徙线

南山国家公园试点区内主要有两条重要的迁徙鸟道——白云湖—十万古田东线鸟道和铺路水—南山西线鸟道。这两个地方海拔较低，是候鸟在翻越南岭山系过程中的理想迁徙通道。该试点区良好的生态环境，为大量候鸟提供了栖息和觅食的场所，使这里逐渐成为候鸟迁徙途中必不可少的"驿站"，对于维护地球生物多样性具有重要的价值。

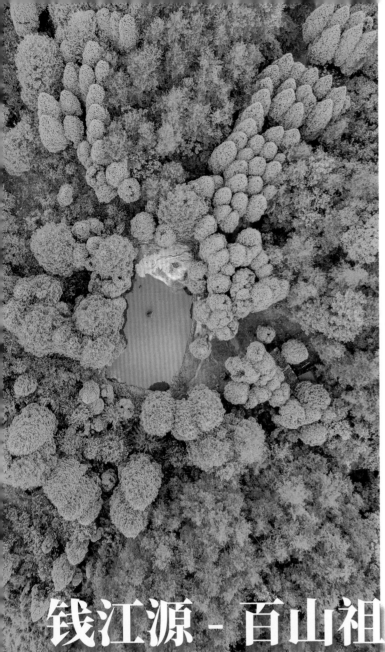

钱江之源，百山之祖

钱江源地处浙、皖、赣三省交界地带，隶属浙江省中西部的衢州市。这里不但是钱塘江的发源地，千里钱塘江自此而起，而且草木繁茂，空气清新，被誉为"华东绿肺"，是"中国天然氧吧"。

从钱江源往东南，坐落在丽水市境内的百山祖被称为"中国山水画实景地"，瓯江与闽江皆发源于此。两颗与地球年岁相近的锆石，见证了这里几十亿年的沧桑巨变。这里坐拥江浙第一高峰黄茅尖，垂直分布着华东最多样化的生境，依次跨越中亚热带、北亚热带、暖温带和中温带四个气候带，孕育了同纬度地区最原始的中亚热带森林。

在偏安一隅的钱江源–百山祖国家公园试点区里，无数动物在这里找到了栖身之所，无数植物在这里茁壮成长。这是一个生机盎然、万物有灵的自然秘境。

总面积
757.67
平方千米

钱江源园区
252.38
平方千米

百山祖园区
505.29
平方千米

钱江源 - 百山祖
国家公园试点区

在我国浙江丰饶的土地上，有两颗璀璨的明珠——钱江源和百山祖，它们从2020年起共同构成了钱江源–百山祖国家公园试点区。这里地处长江三角洲，森林茂密葱郁，溪流穿梭其间，是万物蓬勃竞生的自然天堂。

百山祖三井溪

世界自然保护联盟濒危物种等级划分

《世界自然保护联盟濒危物种红色名录》于1963年开始编制，是全球动物、植物和真菌类物种保护现状最全面、最权威的名录。它根据种群减少等5个标准，将物种划分为9个等级。

- 绝灭（EX）
- 野外绝灭（EW）
- 极危（CR）
- 濒危（EN）
- 易危（VU）
  - 受威胁
- 近危（NT）
- 无危（LC）
- 数据缺乏（DD）
- 未予评估（NE）

数据充足 · 已评估 · 灭绝风险

以"百山祖"命名的珍稀冷杉

很长一段时间内，人们普遍认为冷杉一般分布在2000多米的高山地带，直到1976年，人们发现有一种百山祖冷杉能够生长在海拔约1750米的地方。冷杉之所以生长在高山之上，是因为它们难以忍受高温气候。随着全球气候变暖，原本全球广泛分布的冷杉逐渐在低纬度、低海拔地区消失。因此百山祖冷杉的发现无疑引起了全球轰动。

百山祖冷杉作为中国特有的孑遗植物，仅被发现分布于百山祖地区，属极危植物。这一树种是我国东南大陆唯一的冷杉属植物，现今仅存3株。

百山祖冷杉

头小，呈圆锥状。

前肢的中趾及第二、四趾有强大的挖掘能力，因此被叫作"穿山甲"。

鳞甲呈褐色，似鱼鳞排列，故也称"鲮鲤"。

身披云纹的猛兽

从钱江源到百山祖，这片绿意盎然的森林王国，也是云豹的重要栖息地。云豹属哺乳纲猫科动物，以其身上独特的深色云状斑纹而得名。这些斑纹让它们在追踪猎物和躲避天敌时更加隐蔽。虽然名为"豹"，云豹却并非豹属成员，而是隶属于独立的云豹属。

云豹拥有锋利如剑的犬齿，同时四肢粗短，重心较低，后者使其在丛林中行动敏捷，跳跃能力出众。虽然云豹是一种高度树栖性的动物，经常在树上休息，但它们在地面上的狩猎时间更长。

外表坚硬，内心胆小

钱江源–百山祖国家公园试点区的工作人员近年来时常发现中华穿山甲的踪迹。这种生物是地球上唯一一种长有鳞片的哺乳动物。尽管中华穿山甲外表看起来坚不可摧，但其实它们的性格却极为胆小和害羞。一旦感到紧张或受到威胁，它们就会迅速蜷缩成一团。

然而令人忧心的是，在过去的几十年间，中华穿山甲的数量下降了近95%，成为濒临灭绝的物种。2020年，中华穿山甲从国家二级重点保护野生动物提升为国家一级重点保护野生动物，并从中药药典中除名，这标志着对其保护重视度的显著提升。

普达措国家公园试点区

普达措国家公园试点区地处多彩云南，位于滇西北"三江并流"世界自然遗产中心地带。"普达措"在藏语中意为"普度众生到达幸福彼岸，进入世外桃源"。在这里，高山和峡谷共舞，湖泊与河流交响，原始生态环境保存完好，是一处纯净美好的人间仙境。

总面积
1313
平方千米

距离香格里拉城区
22 千米

涵盖了中国 **40%** 以上的高等植物种类 和 **25%** 的动物种类

海拔在 **3500** 米至 **4159** 米之间

动植物的生命乐园

普达措国家公园试点区，这片坐落于云南深处的绿色瑰宝，是一幅生机勃勃的自然画卷。多样而复杂的生态系统让这里成为无数动植物的乐园，每一种生物都在演绎着它们各自的生命故事。

是湖不是海

普达措国家公园试点区内分布着属都湖和碧塔海一北一南两个较大的湖泊。碧塔海位于普达措的南部，湖面海拔 3538 米，是云南省海拔最高的湖泊。碧塔海地区曾经完全被水淹没，后来喜马拉雅造山运动导致青藏高原强烈抬升，于是地势较低的碧塔海成了一座高原上的湖泊。除了各种鱼类与水生生物在湖中繁衍生息，还有各种植物沿着碧塔海湖岸竞相生长。

水獭

每年农历正月和十月，水獭会把捕获的鱼排在岸边，做出叩首的动作，如同祭祀一样，古人称这种行为为"獭祭鱼"。

在道家思想中，人的五脏均有神，其中的胆神名为"龙曜"。因龙胆叶苦似胆汁，于是便以"龙胆"为名。

在藏语里，"碧塔"是"栎树成毡"的意思。碧塔海湖边分布着大量的栎树林。树影倒映在湖中，显得十分清丽。

动物资源

74 种	**297** 种	**13** 种
哺乳类	鸟类	两栖类
11 种	**17** 种	
爬行类	鱼类	

国家一级重点保护野生动物4种。

植物资源

2275 种

种子植物

国家一级重点保护野生植物5种。

旷世奇观"三江并流"

约一亿八千万年前，喜马拉雅造山运动逐渐令云南西北部的山脉隆起，创造了一个独特的地理结构。金沙江、澜沧江和怒江这三条发源于青藏高原的河流，在云南西北部从北向南流淌，塑造出江水虽并行却不交汇的自然地理奇观，展现了大自然无与伦比的造物之能。2003年，这一地理奇观被联合国教科文组织正式列入《世界遗产名录》。普达措国家公园试点区正好是三江并流这片珍贵的自然奇迹的重要组成部分。

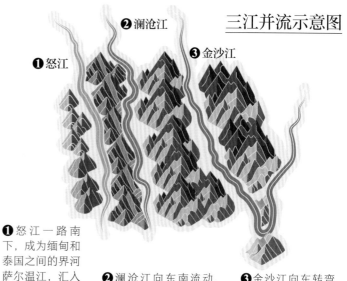

三江并流示意图

❷ 澜沧江　❸ 金沙江　❶ 怒江

❶ 怒江一路南下，成为缅甸和泰国之间的界河萨尔温江，汇入了印度洋的安达曼海。

❷ 澜沧江向东南流动，穿越中南半岛，化作滋养老挝、缅甸等多个东南亚国家的母亲河湄公河，最终汇入南海。

❸ 金沙江向东转弯，后化身为波澜壮阔的长江，蜿蜒流向东海，孕育了中华大地的繁荣。

大噪鹛是噪鹛属中体形最大的种类，羽毛上有黑色和白色的斑点，常在清晨发出十分响亮的鸣叫声。

白马鸡体羽以白色为主，尾羽羽枝松散并具有绿蓝色和紫色的金属光泽。

松茸是松树、栎树等树木外生的菌根真菌，是一种十分美味的食用菌，具有很高的营养价值。

猞猁的毛发柔软，其背上平均每平方厘米就大概有9000根毛发。耳尖有一撮直立的黑色簇毛。

中国著名的自然保护区

我国地域辽阔广袤，地势西高东低，自西向东形成三大阶梯逐渐下降。其中的第一级阶梯是青藏高原，它与第二级阶梯以昆仑山脉、祁连山脉和横断山脉为界，海拔多在4000米以上，享有"世界屋脊"之称。

第一级阶梯

西藏珠穆朗玛峰国家级自然保护区

总面积 **3.38** 万平方千米

作为世界第一高峰的珠穆朗玛峰是青藏高原最耀眼的明珠。为了更好地保护这座"地球之巅"，人们以西藏定日县珠穆朗玛峰区域为中心建立了世界上海拔最高的保护区——珠穆朗玛峰国家级自然保护区。

珠峰高度变化

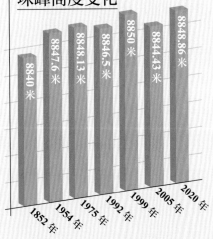

- 8840米 1852年
- 8847.6米 1954年
- 8848.13米 1975年
- 8846.5米 1992年
- 8850米 1999年
- 8844.43米 2005年
- 8848.86米 2020年

除了测量方式的不同会影响珠峰测得高度，板块运动也会使得珠峰的实际高度随着时间发生变化。

珠穆朗玛峰

新疆阿尔金山国家级自然保护区

保护区坐落在新疆、西藏和青海三地交界处，位于新疆巴音郭楞蒙古自治州若羌县境内，是我国第一个以高原脆弱生态环境为主要保护对象的保护区。早在1983年，这里就建立了保护区，并于两年后晋升为国家级自然保护区。

总面积 **4.5** 平方千米

西藏羌塘国家级自然保护区

总面积 **29.8** 万平方千米

羌塘国家级自然保护区目前是我国面积最大的自然保护区，羌塘在藏语中意为"北方高地"。保护区内植被类型以高原高寒荒漠草原为主，这里空气稀薄，人烟稀少，是我国四大无人区之一。

中国四大无人区	（面积／平方千米）
羌塘国家级自然保护区	29.8 万
罗布泊野骆驼国家级自然保护区	6.12 万
可可西里国家级自然保护区	4.5 万
阿尔金山国家级自然保护区	4.5 万

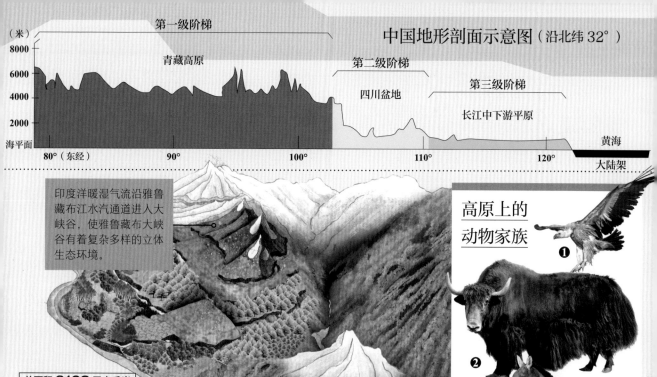

（米）

中国地形剖面示意图（沿北纬32°）

第一级阶梯

青藏高原

第二级阶梯

8000
6000
4000
2000
海平面

四川盆地

第三级阶梯

长江中下游平原

黄海

80°（东经）　90°　100°　110°　120°　大陆架

印度洋暖湿气流沿雅鲁藏布江水汽通道进入大峡谷，使雅鲁藏布大峡谷有着复杂多样的立体生态环境。

高原上的动物家族

总面积 **9168** 平方千米

西藏雅鲁藏布大峡谷国家级自然保护区

青藏高原不仅有着世界最高峰，还拥有世界上最深的峡谷——雅鲁藏布大峡谷。峡谷全长 504.6 千米，平均深度为 2268 米。冰川、绝壁、泥石流、陡坡和巨浪交错在一起，人迹罕至。

南迦巴瓦峰，海拔 7782 米，峰顶终年积雪。

❶ 高山兀鹫
世界上飞得最高的鸟类之一，强有力的喙部使其易于从动物尸体上撕食腐肉。

❷ 野牦牛
浑身长有浓密的长毛，这让它在青藏高原的极端环境里能够不畏严寒。

❸ 藏野驴
一种珍贵的大型食草动物，是我国野驴中体形最大的种类，喜集群活动。

❹ 藏雪鸡
头和颈呈灰色，下胸和腹面呈白色且有黑色纵纹，夏季可到达海拔 4000 米的山地。

总面积 **4952** 平方千米

青海青海湖国家级自然保护区

青海湖不仅是国家级风景名胜区，也是国家级自然保护区。这里的鸟岛为候鸟们提供了理想的栖息和繁衍场所。每年春天，候鸟归巢的时节，斑头雁、棕颈鸥等鸟类在岛上垒窝筑巢，场面十分壮观。

第二级阶梯界于青藏高原北缘到大兴安岭、太行山、巫山和雪峰山东缘之间，分布着内蒙古高原、黄土高原、塔里木盆地、四川盆地和贺兰山等高原、盆地与山地。

❶ 同一棵胡杨树上能生长出五六种不同形状的叶子，有的弯弯如柳叶，有的椭圆似杨叶。

❷ 胡杨的树干和树枝完美适应了水分的多寡变化。当水分充足时，它们枝繁叶茂；水源匮乏时，则减少枝叶生长，以降低水分蒸发。

❸ 胡杨有着超强的根系网，这些根系深深扎根于地下，能够到达地下水位 13.5 米的深处。

新疆塔里木胡杨国家级自然保护区

总面积 3954 平方千米

位于新疆巴音郭楞蒙古自治州境内的塔里木胡杨国家级自然保护区是世界上原始胡杨林分布最集中、保存最完整、最具代表性的地区。它地处塔克拉玛干沙漠北缘，位于我国最长的内陆河塔里木河的中游。这里的冲积－洪积平原为胡杨林提供了良好的生长条件。

贵州梵净山国家级自然保护区

总面积 419 平方千米

梵净山国家级自然保护区是贵州省第一个国家级自然保护区。1986年，梵净山成为国家级自然保护区，主要保护对象为黔金丝猴、珙桐等珍稀生物及亚热带森林生态系统。这里是黔金丝猴唯一的栖息地。

梵净山怪石林立，群峰耸峙，是武陵山脉主峰，被誉为"贵州第一山"。

金丝猴的发现之旅

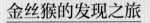
滇金丝猴

1903 年
黔金丝猴被科学界命名，在中国特有的三种金丝猴中数量最少、分布范围最小、濒危度最高，仅分布在梵净山。

1869 年
法国博物学家戴维在我国雅安市宝兴县发现了川金丝猴。

川金丝猴

1897 年
滇金丝猴被科学界描述命名，因其"仰鼻"的特征以及黑白相间的毛色，又被称为"黑白仰鼻猴"。

怒江金丝猴

1910 年
于 1910 年被发现的越南金丝猴主要分布在越南北部，据估计野外种群仅有250 只左右。

2010 年
缅甸金丝猴在缅甸北部首次被发现，之后被证实在我国云南省怒江州境内有分布，因此其中文名为"怒江金丝猴"。

贺兰山的多重身份

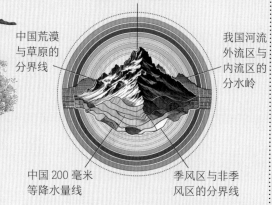

宁夏与内蒙古的界山

中国荒漠与草原的分界线

我国河流外流区与内流区的分水岭

中国 200 毫米等降水量线

季风区与非季风区的分界线

总面积 **1935** 平方千米

宁夏贺兰山国家级自然保护区

位于宁夏西北部的宁夏贺兰山国家级自然保护区是宁夏面积最大的自然保护区。贺兰山巍峨雄伟的山势，既削弱了西伯利亚寒流的侵袭，又阻止了潮湿的东南季风西进。同时，它也阻挡了腾格里沙漠的东移，成了银川平原的天然屏障。

贺兰山

腾格里沙漠

银川平原

总面积 **2425** 平方千米

云南西双版纳国家级自然保护区

西双版纳国家级自然保护区以保护热带森林生态系统和珍稀野生动植物为主要目的，拥有我国较为完整的热带森林生态系统，生物资源丰富。这片迷人的土地上珍稀物种众多，其中就包括我国种群数量最多且相对集中的亚洲象。

亚洲象

亚洲现存最大的陆栖哺乳动物，分为印度（大陆）亚种、苏门答腊亚种和斯里兰卡亚种三个亚种。

长鼻目的演化

全新世
1.17 万年前

非洲森林象

非洲草原象

亚洲象

更新世
258 万年前

真猛犸象

上新世
533 万年前

中新世
2303 万年前

铲齿象

恐象

渐新世
3390 万年前

嵌齿象

始新世
5600 万年前

始祖象

古新世
6500 万年前

磷灰兽

山东黄河三角洲国家级自然保护区

总面积1530平方千米

发源于青藏高原的黄河，犹如一条桀骜不驯的巨龙裹挟着大量泥沙蜿蜒东流，在山东境内汇入渤海湾，大量泥沙在这里沉积形成了黄河三角洲。该保护区分为南北两个区域，北部区域位于黄河故道入海口，南部区域位于现行黄河入海口。它是中国暖温带保存最完整、最广阔、最年轻的湿地生态系统。

三角洲

三角洲是在河口区由于流速减缓，水流所携带的泥沙堆积而成的冲积平原，形似三角形，主要分布在入海河口。

我国东部的东北平原、华北平原、长江中下游平原和长白山脉、浙闽沿海丘陵山地都位于第三级阶梯上，这一阶梯上遍布着平原与丘陵，在沿海丘陵外侧还分布着内海渤海及黄海、东海、南海等边缘海，海面上岛屿星罗棋布。

江苏盐城湿地珍禽国家级自然保护区

总面积2472.6平方千米

此保护区是世界上最大的丹顶鹤越冬地。每年，超过千余只丹顶鹤——约占全球野生丹顶鹤种群的一半，飞越千山万水来到这里越冬。在这里，它们找到了充足的食物和安全的栖息地。整个冬季，丹顶鹤们翱翔天际，构成了保护区冬日里的一道独特风景。

丹顶鹤

灰冠鹤

赤颈鹤

世界现存的 15 种鹤

北美洲
美洲鹤、沙丘鹤

非洲
黑冠鹤、灰冠鹤、蓝鹤、肉垂鹤

亚洲
蓑羽鹤、赤颈鹤、黑颈鹤、灰鹤、丹顶鹤、白枕鹤、白鹤、白头鹤

大洋洲
澳洲鹤

江西鄱阳湖国家级自然保护区

总面积 224 平方千米

作为长江流域最大的通江湖泊，鄱阳湖也是我国第一大淡水湖。这片湿地因卓越的通江性和巨大的储水能力，展现了调洪蓄洪、净化水源、供应淡水的重要功能。其优越的生态环境，为众多鸟类提供了栖息地，被誉为"候鸟乐园"和"珍禽王国"。

河流水与湖泊水的相互补给

枯水期：当河流水位低于湖泊水位时，湖泊水补给河流水。

丰水期：当河流水位高于湖泊水位时，河流水补给湖泊水。

柳杉

浙江天目山国家级自然保护区

总面积 42.84 平方千米

保护区内拥有全球最大的古柳杉群落，其柳杉分布之广世界罕见，其中超过500年树龄的柳杉有500余株，三人以上才能合抱的柳杉达到400余株。它被誉为"天然植物园"和"大树王国"，以其森林景观"古、大、高、稀、多、美"而著称于世。

广东珠江口中华白海豚国家级自然保护区

总面积 460 平方千米

珠江是中国华南地区最大的河流，其入海口珠江口的水域拥有适宜的生态环境，鱼类资源丰富，为中华白海豚提供了充足的食物和理想的生存环境。该保护区有着约1000条的中华白海豚，是中国最大的中华白海豚栖息地。

中华白海豚

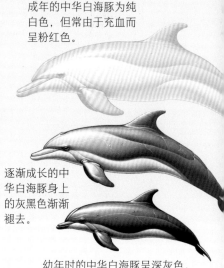

成年的中华白海豚为纯白色，但常由于充血而呈粉红色。

逐渐成长的中华白海豚身上的灰黑色渐渐褪去。

幼年时的中华白海豚呈深灰色。

图书在版编目（CIP）数据

中国国家公园 /《图说天下》编委会编著. -- 兰州:
甘肃少年儿童出版社, 2024.6
ISBN 978-7-5422-7325-3

Ⅰ.①中… Ⅱ.①图… Ⅲ.①国家公园－中国－青少
年读物 Ⅳ.①S759.992-49

中国国家版本馆 CIP 数据核字 (2024) 第 095891 号

中国国家公园

ZHONGGUO GUOJIA GONGYUAN

《图说天下》编委会 编著

选题策划：冷寒风

责任编辑：高宁

文图统筹：刘坤

封面设计：段瑶

美术统筹：段瑶

出版发行：甘肃少年儿童出版社

（兰州市读者大道 568 号）

印　　刷：文畅阁印刷有限公司

开　　本：720 毫米 ×787 毫米 1/12

印　　张：4

字　　数：80 千

版　　次：2024 年 6 月第 1 版

印　　次：2024 年 6 月第 1 次印刷

印　　数：1 ～ 10 000 册

书　　号：ISBN 978-7-5422-7325-3

定　　价：42.00 元

如发现印装质量问题，影响阅读，请与出版社联系调换。
电话：0931-8773267